DÉFENSE

DE

L'AUTEUR DES LETTRES

SUR LES SCIENCES

ET SUR LES ARTS,

*Contre un article du Journal de Paris,
du 28. Juillet 1704.*

LA fin des Journaux dans leur institution, est d'indiquer le foible & le fort des Livres, & de donner un nouveau relief à ce qui s'écrit solidement. Mais s'il y a des Journalistes judicieux & équitables, il peut s'en trouver quelques uns qui ne sont pas parfaitement instruits des regles qu'ils doivent suivre, ou qui n'ont pas la moderation necessaire à leur employ. Celuy qui a fait l'extrait de mes Lettres sur les Sciences & sur les Arts est sans doute de ce dernier rang.

Z   A

S'il avoit fait remarquer dans mes **Lettres** quelques expressions confuses, quelque faux principe, quelque mauvais raisonnement; quelque fait avancé mal-à-propos, je n'aurois eu rien à dire : je croi mêmes que je lui eusse sçû gré de me remettre sur les voyes, l'eût-il fait en petit tyran. Car au fonds, je ne cherche qu'à m'instruire, & je passe aux hommes les manieres, pourvû qu'ils éclairent mon esprit; mais mon Journaliste s'y est pris tout autrement. Il a rempli huit pages in 4° d'extraits de mes Lettres, & n'a voulu faire autre chose par tant d'extraits souvent tronquez, que de me representer comme un esprit vain, suffisant, superbe, plagiaire, visionnaire, impertinent. L'ironie est la figure qu'il employe pour cet effet : il la fait principalement briller dans une conséquence qu'il m'attribue; mais malheureusement pour le plaisant, c'est une conséquence qu'il emprunte de sa tête & qui tourne contre lui.

Il ne s'en est pas tenu là : sçachant que le nombre des mauvais Orateurs, des Poëtes, Peintres & Musiciens licencieux est infini, gens à qui veritablement mes Lettres ne sont pas trop favorables, il tâche à en soulever les légions contre moi. C'est à quoi se terminent toutes ses réflexions. Il n'en veut pas à mes Lettres, il en veut à ma personne, il la livre à tout son dépit; il n'oublie rien pour l'accabler.

Ce n'eſt pas ſon premier exploit de Journal. Il aime à eſcrimer, & il peut ſe vanter
d'avoir eu plus d'une fois tout l'avantage de
l'inſulte. Le ſel & l'enjoüement qu'il affecte
lui donne ſur tout bonne grace: il ne ſe mêle
pas de combatre pour des queſtions impor-
tantes ; mais s'il ne produit rien de ſolide,
il veut du moins diſcourir en eſprit fin Nous
allons voir ce qu'il ſçait faire, par la critique
qu'il fait de moi.

Si le Critique avoit lû les Réflexions de
feu M. du Bois ſur l'Eloquence de la Chaire,
il ſçauroit que ce Traducteur des Lettres &
des Sermons de S. Auguſtin, a parlé de
l'Eloquence ordinaire comme de l'ennemie
des veritez du ſalut. Tout le monde le ſçait,
ainſi je n'ay pas eu tort de dire que les uns la
regardoient *comme une peſte publique.* S'il
avoit lû le Livre de M. Gibert, il auroit vû
que ce Profeſſeur met dans l'Eloquence tout
le mérite des Sciences, tout le pouvoir de
perſuader ; & qu'ainſi j'ay eu raiſon de dire
que les autres faiſoient de l'Eloquence *toute
la force & toute la beauté de l'eſprit.*

S'il connoiſſoit *la Connoiſſance de ſoi-même*
du P. Lamy, il ſçauroit que ce Religieux
ſe déclare encore avec plus de véhémence
que M. Dubois contre l'Eloquence des Prédicateurs. Et ſi la paſſion ne l'avoit pas aveu-
glé pendant qu'il liſoit mes Lettres, il auroit vû que directement oppoſé à M. Du-

bois & au P. Bénédictin, je veux faire voir,
que si l'Eloquence est de quelque usage, ce
ne peut être que dans les actions où il s'agit
des véritez salutaires.

Comment donc ce Critique a-t'il osé
avancer ces deux propositions. 1. *Les deux*
partis ne conviendront PEUT-ETRE *ni l'un*
ni l'autre des sentimens outrez qu'on leur im-
pute. 2. *Ce qu'*I L Y A D E C E R T A I N,
c'est qu'on ne nous presente pas icy d'autres
id'es sur l'étude de la Rhétorique, sur les ca-
racteres & sur les effets de l'Eloquence, que
celles que nous a données l'Auteur de la Con-
noissance de soi-même.

Je n'ay point lû l'ouvrage de cet Auteur;
mais je sçai d'ailleurs assez ses sentimens
pour assurer que le blanc & le noir ne sont
pas plus différens que ce que nous pensons
l'un & l'autre sur l'usage de l'Eloquence.
En tout cas, s'il y avoit du rapport entre
nos pensées, & que l'un fût imitateur de
l'autre, il faudroit que le Bénédictin m'eût
volé. Car j'ay parlé de l'Eloquence comme
on parle aujourd'huy, dans le 2. tome de
ma Philosophie, imprimé plus de trois ans
avant le Traité de ce Religieux.

Il est bon de remarquer le langage du
Critique. *Les deux Partis*, dit-il, *ne con-*
viendront PEUT-ETRE *ni l'un ni l'autre*
des sentimens outrez qu'on leur impute. Ce
peut être est excellent ! Comment *peut-être?*

Est-ce qu'il n'a pas lû, ou n'a pas compris les sentimens *des deux partis ?* S'ils ne lui sont pas connus, comment m'attribuë-t'il de les *outrer ?* S'il les a bien compris, pourquoi vient-il dire *peut-être ?* Craint-il que les deux Partis ne manquent de complaisance pour ses adouciffemens ? Certainement, il y a un grand sens dans ce *peut être,* & la marque d'une critique bien exacte ! Mais le voicy qui sort de ses doutes, il devient affirmatif. *Ce qu'*IL Y A DE CERTAIN *, dit-il, c'est qu'on ne nous presente pas icy d'autres idées* que celles du Religieux.

De quoi est-il si certain ? que j'emprunte du Religieux *sur l'étude de la Rhétorique.* Mais je ne parle en aucune façon de cette sorte d'étude : rien n'a moins de rapport à mon deffein. Quoi donc ? que je me pare des idées du Religieux sur l'usage de l'Eloquence. Mais nous avons l'un & l'autre à cet égard des sentimens oppofez. Aurois-je pris les idées sans prendre les sentimens ? Et à quoi aurois-je penfé de chercher dans le Livre de ce bon Pere, des idées que je trouve dans le mien d'une datte plus ancienne ? Qu'y a-t'il donc *de certain ?* Le voicy. C'est que le Journaliste critique sans sçavoir de quoi il s'agit, & pour jetter au dehors la bile qui le surcharge.

Voicy en deux mots le deffein de mes

Lettres sur l'Eloquence. J'ay voulu faire voir que ceux qui généralement comme le Pere Bénédictin, ne veulent que de la Philofophie pour perfuader, ont tort; que ceux qui généralement comme le même Pere, & M. Dubois avant lui, banniffent l'Eloquence de la Chaire, ont tort; que ceux qui généralement comme M. Gibert, donnent l'exclufion à 'a Philofophie lorfqu'il s'agit d'Eloquence, ont encore tort, & tres-grand tort. Il eft généralement reconnu des perfonnes definterreffées, que j'ay eu raifon de prendre le milieu entre ces extremitez, faifant voir que l'Eloquence eft fuperfluë pour perfuader des hommes attentifs & raifonnans, ou déja remplis des véritez falutaires; mais qu elle eft d'une néceffité indifpenfable, quand il s'agit d'inftruire de ces mêmes véritez un peuple qui d'ordinaire ne confulte & ne fuit que l'imagination & les fens; qu'alors elle doit être jointe au raifonnement qui porte la conviction dans l'efprit, pendant qu'elle amufe la partie imaginative; & enfin que de féparer la Ph.lofophie de l'Eloquence, comme fait le Profeffeur, c'eft en féparer la raifon & tout ce qui perfuade & convainc véritablement. Voila ce que l'on broüilloit, & ce que j'ay tâché d'éclaircir.

Cependant un Journalifte hardi vient dire au public, que *je n'ajoûte aux penfées du Philosophe Bénédictin*, que ce *ton ferme & cet air de confiance qu'il est permis de prendre quand on joint à de grandes lumieres une autorité reconnuë.* Qui est l'homme *à grandes lumieres* si ce n'est celuy qui voit clairement la vérité ? Qui est l'homme *d'autorité* dans le raisonnement, si ce n'est celuy à qui la vérité est connuë, & qui raisonne dans les regles ? Mais il faut à ce Journaliste une *autorité reconnuë* ; c'est à dire que si l'on ne brille aux yeux du vulgaire, & si l'on ne se trouve dans la cabale des faux sçavans, l'on n'aura pas droit de parler *d'un ton ferme*, & d'un *air de confiance* pour l'honneur de la vérité. Ne voila-t'il pas les sentimens d'une grande ame & fort élevée au dessus des préjugez ?

Ne comprendra-t'il jamais, que le *ton ferme*, *l'air de confiance*, n'est odieux que dans les faux Accusateurs, que dans les Ecrivains qui hazardent, & que la passion aveugle, ou que l'imagination séduit, que dans ceux qui critiquent sans fondement, ou dont les raisons & les fades ironies tournent contre eux ; que c'est l'*air* & le *ton* naturel de ceux qui attaquent l'erreur & qui sont en état de la confondre par la force de leurs preuves ? Qu'il apprenne aujourd'huy que si *l'air de confiance*, & *le ton ferme*, qu'il ose prendre, augmentent la honte de ceux qui comme lui, s'opposent à la vérité, ils augmentent la gloire de ceux qui la défendent & la mettent dans son jour. Qu'il sçache encore, que plus celuy qui la défend, est infirme & méprisable aux yeux du monde corrompu; plus elle en reçoit d'honneur, quand il sçait bien la défendre. C'est dans ces occasions que je ne craindrai jamais de prendre le *ton ferme*. Et je ne croi pas qu'on ait jamais reproché à personne de l'avoir pris dans une bonne cause. Le reproche du Critique est singulier.

Il m'appelle ironiquement *humble Philosophe*. Je ne me nomme pas dans mes Lettres, dit-il, *mais on y sent par tout, du moins* AUX MANIERES, *un Philosophe du premier ordre*. Quelles sont donc les *manieres* d'un *Philosophe du premier ordre ?* Est-ce la modestie ou l'audace ? Est-ce la simplicité ou la fierté ? Si je ne suis pas *humble*, comment m'attribuë-t'il les manieres d'un *Philosophe du premier ordre ?* Et si j'ay de telles manieres sans bonne Philosophie, que ne les laisse-t'il là pour réfuter mes raisons ? Que l'esprit d'envie & de parti est petit ! qu'il est aveugle !

Selon l'Auteur des Lettres, dit cet enjoüé Critique, *sans la Philosophie point de salut*. La pensée est neuve. La plaisanterie est d'un grand goût. Pour moi je ne puis plaisanter à contre-temps ; dans les matieres sérieuses je suis naturellement serieux.

Non, *sans la Philosophie*, sans les principes clairs, sans les notions distinctes, sans l'amour de la vérité, *point de salut*, point de justesse d'esprit, point de raisonnement exact, point de lumiere dans les sciences, partout confusion & ténébres. Le Critique devroit commencer par entendre ce qu'il dit. Est-il encore à sçavoir que pour être bon plaisant, il faut rire dans le vray; & que de plaisanter dans le faux, c'est devant tous les hommes raisonnables se rendre ridicule & digne du dernier mépris.

Il ajoûte sur le même ton : *Que la Philosophie est admirable ! de mettre sous la main cet art & cette raison, & de n'inspirer point d'orgueil !* Ouy, la *Philosophie*, l'attention à la lumiere & aux expériences de la vie, *met l'art & la raison sous la main*. Non, la *Philosophie*, la lumiere immuable qui dirige un esprit attentif & muni de bons principes, *n'inspire point d'orgueil*. Elle nous fait connoître ce que nous sommes ; & cette connoissance n'accommode pas l'orgueil : elle inspire la *confiance* & fait prendre le *ton ferme* ; mais cette confiance & ce ton sont fondez sur la connoissance des véritez essentielles : il n'y a que les orgueilleux, les ames basses & serviles, les hommes de ténébres qui s'en offensent. Ce *ton* fait le charme des esprits doux &

modérez , des amateurs de la vérité. Le
Journaliste se retranche sous la mauvaise
Philosophie, & de là il sonne la trompet-
te , pour assembler contre moi le nombre
infini de ceux qui confondent tout , comme
luy.

L'on apperçoit assez déja le génie de ce
Critique ; mais quand il ne m'auroit qu'ac-
cusé de dire *sans exception* , que tous les
Prédicateurs sont mauvais , parce que selon
mes Lettres , *nous voyons une foule d'hommes
hardis qui prêchent pompeusement la Reli-
gion & la Morale* , sans avoir les connois-
sances que demande le ministere de la pa-
role. Quand, dis-je , il n'auroit donné que
cette marque de sa Logique , pouroit-on
penser qu'il sçût la valeur des termes, qu'il
eût jamais connu la nature des propositions,
qu'il eût jamais essayé des régles du raisonnement ? Si je dis *qu'il y a* ou que *nous
voyons* dans le monde une foule de Directeurs mercenaires, m'accusera t'on de dire
sans exception , que tous les Directeurs sont
esclaves de l'interest ? Où en sommes-nous
si en de pareilles rencontres on forme contre nous de pareilles accusations ? Ecoutons
le Critique dans son accusation. *N'y avoit-
il pas quelque exception à faire ? D'ailleurs
dit-on aux gens leurs véritez si cruement ?*
Voila des paroles de douceur , & du fiel le
plus amer. Mais , ou le Journaliste a parlé

contre sa conscience, ou il a parlé de bonne
foy. S'il a parlé contre sa conscience, il a
menti au saint Esprit. S'il a parlé de bonne
foy, il n'a pas le sens commun. Et de quel
droit, luy qui me reprend de dire aux autres
leurs véritez si cruement, quoi que je ne parle à personne ; de quel droit vient-il dire
contre moi des *fauffetez si cruement ?* Il ne
prend pas le *ton de maître*, il n'a garde de
s'attribuer une *autorité reconnuë* ; mais il
reprend & impose hardiment en public : il
donne des impostures pour des avis, & ses
insultes pour des raisons. Tout passe dans
ses principes sous le *ton* modeste de boufon.

Enfin, il me quitte sur l'Eloquence & me
prend sur les Mathematiques. Je *réfute bien
ou mal*, dit-il, *la belle Préface des Mémoires de l'Académie.* Je n'ay attaqué personne,
& je n'ay cité aucun Ouvrage. Mais si j'ay
mal réfuté quelque endroit de *la belle Préface*, il falloit le faire voir : & si cette Préface est *si belle*, il falloit par quelque raifon solide en soutenir la beauté. Le silence
du Critique est la preuve de son impuissance.

Ceux, dit-il, *qui vantent le plus les Mathématiques, prétendent seulement qu'elles
font plus propres que toute autre science à
exercer l'esprit dans les régles de la Dialctti-
que, & à le rendre capable d'attention.* C'est
donc depuis mes Lettres qu'on l'a prétendu ainsi. Les plus graves Auteurs qui ont

écrit de l'uſage des Mathématiques n'étoient
pas de cet avis. Il eſt écrit au Livre de la
Rech. de la Ver. que *la ſcience de la Géométrie eſt la véritable Logique.* Et à quoi tend la
belle Préface des Mémoires de l'Académie,
ſi ce n'eſt à faire des Mathématiques *la Logique de toutes les Sciences?* Cet homme eſt
dans un étrange embaras : il ne peut s'oppoſer à moi, ou qu'en abandonnant ſon parti; ou qu'en diſant confuſément ce que je
dis clairement & ſans équivoque.

Je voi que les Mathématiciens veulent
perſuader au monde, que généralement la
juſteſſe de l'eſprit dépend de la Régle & du
Compas, que *tous les hons livres d'Eloquence, de Politique, de Critique & de Morale*
doivent leur exactitude à la géometrie de
leurs Auteurs. J'ay crû devoir manifeſter
une uſurpation ſi injuſte : j'ay ſoutenu que
la juſteſſe de l'eſprit dépend de la Dialectique en général, que de luy ſubſtituer la
Géométrie, c'eſt borner la Dialectique aux
rapports des parties de l'étenduë, que l'e-
xactitude même des Géométres en dépend,
qu'ils ne tombent dans les Paralogiſmes qui
leur ſont ſi ordinaires, que faute de dialectique; & que ſans Géome rie on peut par-
venir aux ſciences les plus ſublimes, comme
ſans les hautes ſciences on peut devenir
Géométre, parce que les idées de la Géométrie, & celles des ſciences de perfection
ſont

font de deux ordres infiniment differens.
Voicy mes paroles Lett. 7. pag. 43. *Sans
l'esprit dialectique (on me le passe) c'est à
dire sans l'esprit de clarté , d'exactitude &
de précision , il n'y a point de progrez à es-
perer dans les Sciences. Mais on peut acque-
rir cet esprit sans comparer ni des nombres
ni des lignes ; du moins sans en faire une étude , & prenant seulement pour exemple ce
qu'il y a de plus commun, & de connu de
tout le monde.* Cela est clair & précis. J'ay
fixé le fruit qu'on peut tirer de la Géométrie pour la perfection de l'esprit , à une
sorte d'attention qu'elle peut produire dans
les enfans, qui faute d'expérience ne sont
capables que de considerer ou des nombres
ou des lignes ; mais par les inconveniens
qu'elle produit d'ailleurs, j'ay conclû qu'il
étoit dangereux d'y accoutumer trop l'esprit ; & vû le fruit & le danger , qu'il étoit
à propos de s'en tenir à la dialectique , qui
seule & sans Géométrie fait raisonner exa-
ctement. Cela est encore clair & précis. Mais
le Journaliste ne s'accommode pas de la
clarté , & ne pouvant résister à mon discours , il s'exprime en termes vagues &
confus pour appuyer toujours la ridicule
prévention des Algébristes.

Je dis qu'il s'exprime en termes *confus.*
Car sont-ce les sciences qui *exercent l'esprit
dans les régles de la dialectique ?* N'est-ce

pas au contraire par la dialectique qu'on s'exerce dans les Sciences quand l'eſprit a des notions diſtinctes ? Niera-t'il qu'il confond le moyen avec la fin ?

C'eſt dans le même ſtile qu'il m'attribuë de *n'ôter pas aux Mathématiques l'eſprit de juſteſſe dont elles ſont depuis long-temps en poſſeſſion, mais de leur en ôter la proprieté que je rends à la dialectique.* Il ajoûte, *que pourtant tantôt je leur accorde cet avantage & tantôt je le leur diſpute.* Aprés m'avoir attribué les confuſions de ſon cœur, il falloit qu'il m'attribuât celles qui ſont dans ſa tête. Je luy déclare que je diſpute aux Mathématiques non ſeulement la *proprieté*, mais encore la *poſſeſſion* de l'eſprit de juſteſſe par rapport à toutes les ſciences qui n'ont pas la matiere pour objet : je ne leur accorde mêmes à cet égard la *poſſeſſion* qu'à proportion qu'elles ſont unies à la dialectique, faute de laquelle il y a ſi peu de Géométres exacts, & nous ne voyons guéres que de foibles champions qui n'eſcriment qu'avec le livre d'autruy, qui ſont bornez aux figures déja tracées, & qui ſe perdroient d'abord s'ils faiſoient un pas au delà. Voila ce que l'on peut concevoir clairement dans mes Lettres, mais ce que les eſprits confus ne peuvent s'empêcher de confondre.

Le Critique pour s'appuyer a recours à M. Deſcartes, comme s'il étoit icy queſtion d'autorité. Mais il va encore ſe brouiller. Selon M. Deſcartes, dit-il, *c'eſt par l'étude de la Géométrie que l'on fait du progrez dans les Sciences, & que l'eſprit ſe forme aux raiſonnemens exacts.* Il ajoûte : *Les régles de l'Analyſe algébrique*, ſelon le même Auteur, *dirigent l'eſprit dans la recherche de la vérité.*

Si cela eſt ainſi, que devient la Dialecti-que, dans *les régles de laquelle* on venoit de nous dire que *les Mathématiques étoient ſi propres à exercer l'eſprit?* Ce n'eſt plus la *Dialectique*, c'eſt l'*Analyſe algébrique*, d'où dépend la *direction de l'eſprit.* Il eſt viſible que le Journaliſte ne connoît ni la dialectique, ni la nature d'aucune ſcience, & qu'il ne s'entend pas lui-même. Mais ſans nous arrêter à ſes ténébres, ſuppoſons qu'il n'impoſe point à M. Deſcartes, & voyons quel progrez ce grand homme a fait dans les Sciences. Il a diſtingué ce qui *penſe* d'a-vec ce qui eſt *étendu* ; mais il n'a pas ſçû di-ſtinguer la lumiere d'avec les perceptions de ſon ame : il a reconnu qu'il y avoit liaiſon néceſſaire entre l'idée qu'il avoit d'un être parfait, & l'exiſtence de ce même être. Mais il n'a donné que des preuves tres-im-parfaites de cette exiſtence. En tout cela ſon *Analyſe algébrique* l'a mal ſervi s'il s'étoit fondé ſur elle. Il a connu les proprietez de la matiere par l'idée de l'étenduë : Sur l'idée

& les proprietez de la chose il a formé un monde, des tourbillons, des composez de différens corps; mais en tout cela son imagination aidée de quelques experiences a travaillé uniquement. *L'Analyse algébrique* n'y avoit aucune part. Il sçavoit que pour examiner une question il falloit la bien concevoir, l'envisager par toutes ses faces, aller du simple au composé, du connu à l'inconnu, faire des dénombremens exacts, mais ce sont des régles de dialectique indépendantes de *l'Algebre*. Quand M. Descartes a donné six fausses régles de mouvement & une seule légitime, étoit-ce faute d'*Algebre*? Point du tout : c'est que sa dialectique dormoit. M. Descartes étoit un homme admirable : il nous a fait penser à considerer les choses en elles-mêmes & dans leurs véritables idées, mais s'il avoit fait généralement dépendre la *direction de l'esprit* de l'Analyse *algebrique*, il nous eût appris qu'il n'avoit pas un génie si élevé, que nous l'avons toujours crû. Voyons encore cependant s'il n'y auroit point moyen d'accorder au Critique quelque chose de ce qu'il demande.

Comme les Géométres dans leurs recherches se servent ou de la méthode *analytique* ou de la methode *synthétique*, dont l'usage de la premiere est de remonter des choses à leur principe quand on veut s'instruire soi-même ; & l'usage de la seconde est de commencer par le principe ; quand on veut instruire les autres , ils prennent tellement l'habitude de suivre les deux méthodes, que jusques-là il semble qu'ils ayent plus de disposition à trouver la liaison que les idées ont entre-elles, que ceux qui ne sont pas Géométres. C'est sur ce fondement que l'on a vanté la Géométrie comme la clef des autres Sciences. Mais si nous y prenons garde , l'exercice de l'esprit dans la Géométrie le fixe aux rapports des parties de l'étendue. Pour s'élever aux autres Sciences il faut en avoir les notions & en distinguer les idées, il faut sortir des préjugez : dispositions qui n'ont rien de commun avec la Géométrie. L'on a besoin, je l'avouë, *d'analyse* & de *synthése* pour suivre l'ordre naturel des idées de perfection , comme pour suivre les idées des nombres & des lignes. Mais ces méthodes sont des presens de la dialectique , qui les donne au Philosophe avec la même liberalité qu'au Géométre : & si on s'y exerce dans la Géométrie, ce n'est que pour la Géométrie même , dont les notions familieres nuisent plus sans comparaison à celles des Sciences essentielles, que l'exercice dans ces mêmes méthodes par rapport aux Mathematiques, ne peut être avantageux. Tout cela revient à ce que j'ay dit dans mes Lettres , & ne peut-être contesté :

ainſi , le Critique ne tient rien.

De ce que j'ay marqué les inconvéniens que produit l'application aux rapports des lignes , dans ceux qui ne ſont pas pénétrez des véritez eſſentielles il prend occaſion de s'écrier : *Que ne diroit-on pas contre la Philoſophie , ſi l'on faiſoit valoir contre elle les défauts perſonnels des Philoſophes ?*

L'équitable perſonnage ! qu'il eſt devenu tout à coup favorable à la Philoſophie ! dont il venoit de dire par une ironie ſi ſenſée , qu'*elle n'inſpire point d'orgueil.* Mais laiſſons le ſe contredire indignement , & ſe détruire par lui même. Il n'y a que cette différence entre les effets de la Géométrie & ceux de la Philoſophie que quelque corrompu que ſoit un Philoſophe , ſa Philoſophie ſi elle eſt bonne , le rappelle toujours , quoiqu'elle ne le guériſſe pas ; & qu'un Géométre corrompu n'eſt jamais rappellé par ſa Géométrie ; qu'au contraire elle lui fournit des raiſons de ne rien chercher au delà de la matiere : je me ſuis aſſez expliqué.

J'ay dit que j'avois parlé des Mathématiques dans un parfait deſintereſſement & que j'avois ſeulement prétendu en marquer la juſte valeur. Le Journaliſte fait là-deſſus cette judicieuſe réflexion. *Cette proteſtation eſt a un grand poids , ſuppoſé que vôtre Philoſophe ſoit grand Géométre.* Non , je ne ſuis point *grand Géométre* , je ſçai mieux employer mon temps , que de m'amuser à des divisions & comparaisons de lignes. Mais sans courir aprés *les infiniment petits* , je puis, aidé des expériences de la vie, sçavoir par les idées que je trouve en moi , & par la lumiere qui se présente à tous les esprits, le fort & le foible des Sciences , leur nature & leur usage.

J'aurois eu tort n'étant pas *grand Géométre* , d'attaquer les régles de *l'Analyse algébrique* dans leurs proprietez pour le calcul ; mais sçachant que la Géométrie & l'Algébre ne peuvent être d'aucun usage quand il ne s'agit ni de calcul ni de mesure, & que l'étenduë qu'elles ónt pour objet , & la lumiere qui perfectionne l'esprit , sont deux objets infiniment différens , je n'ay pas eu tort, quoique je ne sois pas *grand Géométre,* de remettre la Géométrie en sa place ; & il faut être tout de calcul & d'arpentage pour supposer que je ne le puis sans être *grand Géométre.*

Le Critique devroit un peu , lui qui tranche *en grand Géométre,* discourir sur l'usage des Mathématiques par rapport à la perfection de l'esprit ; ses discours seroient d'un *grand poids* , il tarde trop à nous instruire.

Nous voicy au raisonnement sur lequel il exerce si agreablement sa critique. J'ay dit Lett. 8. pag 55. *L'Ame est au dessus du Corps & destinée à le conduire. Elle doit* donc trouver en elle-même dequoy connoître le Corps & tout ce qui convient au Corps. Il falloit à quelque prix que ce fût que du moins une fois j'euſſe mal raiſonné ; mais ne trouvant pas ſon compte à ſe borner à l'Enthymême, que fait mon Critique ? Il y ajoûte de ſon chef. *Donc c'eſt dans l'Ame même qu'eſt l'idée de l'étenduë.* Et dit enſuite en s'applaudiſſant à lui-même : *Voila une dialectique bien ſupérieure à celle des Géométres.* C'eſt un hommage qu'il a voulu rendre au petit Corps des *Intelligiſtes.*

Il eſt vray que je tiens aujourd'huy, comme toutes les Ecoles Chrétiennes, que *l'idée de l'étenduë eſt dans l'Ame* ; & je fais gloire d'avoir retracté le ſentiment contraire que j'avois ſoutenu. Mais ce n'étoit pas une raiſon au Critique de plaiſanter à ſes dépens ſur l'Enthymême.

1° C'eſt choquer toutes les régles de la diſpute & du bon ſens, que d'apporter comme il fait, une conſéquence équivoque pour l'oppoſer à un raiſonnement tres clair. C'eſt le raiſonnement lui-même qu'il faut attaquer dans ce qu'il contient, ſi l'on n'en eſt pas content. Aſſurément la maniere du Champion eſt cavaliere, & fait honneur à la *Dialectique des Géométres.*

2° La conſequence non équivoque qui ſuit immédiatement celle que contient l'Enthymême eſt que la *perception eſt dans l'A-*

me, puifque c'eft immediatement par la perception que l'Ame connoît le Corps. L'idée de l'étenduë fans doute fe trouvera comprife dans la perception relative à la matiere. Mais c'eft une queftion à part. *La Dialectique des Géométres* va trop vîte.

3° Que penferoit-on d'un homme qui de ce même Enthymême conclûoit férieufement que *l'idée de l'étenduë eft en Dieu?* Ce feroit affurément un foû de la premiere claffe ; cependant le Critique l'approuveroit. Car comme l'idée de l'étenduë eft néceffairement ou dans l'Ame, ou en Dieu; s'il n'approuve pas que l'on joigne l'une des deux conféquences à l'Enthymême, il faut abfolument qu'il permette que l'on y ajoûte l'autre ; à moins que par la *Dialectique des Géométres* il ne foit privilegié.

4° Enfin, fi le Critique penfe que l'idée de l'étenduë foit neceffaire à l'Ame pour *connoître le Corps, & tout ce qui convient au Corps*, il faut de deux chofes l'une, ou qu'il nie que l'Enthymême foit vray, ou qu'il accorde que *l'idée de l'étenduë eft dans l'Ame.* Car il y a dans l'Enthymême : *Donc l'Ame doit trouver en elle-même dequoi connoître le Corps & tout ce qui convient au Corps.* Or le Critique n'attaque poin l'enthymême. Donc il reconnoît que *l'idée de l'étenduë eft dans l'Ame.* Pourquoi donc vient-il dire : *Voila une dialectique bien fu-*

périeure à celle des *Géométres.* Qu'eſt-ce que cette *dialectique des Géométres* qu'il nous vante ? où paroît-elle ? où la trouverons-nous ? Sera-ce dans ſes ironies , dans ſes accuſations , dans ſes attaques ? hé d'un bout à l'autre il ſe perd , il ne peut ni plaiſanter ni critiquer ſans ſe confondre lui même.

Il n'y a certainement dans toute la malignité du cœur humain aucun tour qu'il n'employe pour me rendre odieux : il ſuppoſe , il broüille , il hazarde ; le vray ou le faux lui eſt indifferent , pourvû qu'il tire occaſion de mordre & de répandre ſon venin, voila ſa dialectique de Géométre. S'il lui plaiſoit d'entrer un peu en matiere , nous verrions quelle eſt la Philoſophie qu'il ne prétend pas mépriſer , quelle eſt la lumiere qui peut le rendre ſérieux : il n'en veut pas de *nouvelle :* nous ne lui demandons que *l'ancienne* , nous verrions par quel endroit on peut le trouver traitable. Sans cela, il eſt convaincu d'être un vil eſclave du mauvais goût des hommes vains , de mandier lâchement le ſuffrage des imaginations déréglées , de trahir honteuſement le parti où il s'eſt jetté. Nous venons de voir des fruits merveilleux de la *Dialectique des Géométres,* qu'il affecte , nous ne deſirons plus de lui que quelque piéce de doctrine. Mais c'eſt trop s'arrêter à une Critique ſi mépriſable.

F I N.

ftre de la Communauté des Imprimeurs & Libraires de Paris, & ce dans trois mois de la datte d'i-
celles, que l'impreſſion dudit Livre ſera faite dans
nôtre Royaume & non ailleurs, & ce en bon pa-
pier & en beaux caracteres, conformement aux
Reglemens de la Librairie, & qu'avant que de l'ex-
poſer en vente il en ſera mis deux exemplaires dans
nôtre Bibliotheque publique, un dans celle de nôtre
Chaſteau du Louvre, & un dans celle de nôtre tres-
cher & feal Chevalier Chancelier de France le ſieur
Phelipeaux Comte de Pontchartrain, Commandeur
de nos Ordres, à peine de nullité des Preſentes. Du
contenu deſquelles vous mandons & enjoignons de
faire joüir l'Expoſant & ceux qui auront droit de
lui pleinement & paiſiblement, ſans ſouffrir qu'il leur
ſoit fait aucun trouble ou empêchement. Voulons
qu'à la copie deſdites Preſentes qui ſera imprimée
au commencement ou à la fin dudit Livre foy ſoit a-
joûtée comme à l'original. Commandons au premier
nôtre Huiſſier ou Sergent de faire pour l'execution
d'icelles tous actes requis & neceſſaires ſans autre
permiſſion, & nonobſtant clameur de haro, Char-
tre Normande, & Lettres à ce contraires : C A R
tel eſt nôtre plaiſir. D o n n e' à Verſailles le vingt-
quatriéme jour d'Aouſt, l'an de grace mil ſept cens
quatre, & de nôtre Regne le ſoixante-deuxiéme.
Signé, Par le Roy en ſon Conſeil, LE C O M T E.

*Regiſtré ſur le Livre de la Communauté des Impri-
meurs & Libraires de Paris*, N. 229. *pag.* 322. *con-
formément aux Reglemens*, & *notamment à l'Arreſt
du Conſeil du* 13. *Aouſt* 1703. *A Paris ce* 3. *Septem-
bre* 1704.
Signé, P. A. L e M e r c i e r, Ajoint.

A P A R I S,
De l'Imprimerie de G i l l e s P a u l u s - d u - M e s n i e.